南极 北极

北极的动物

刘晓杰 ◎ 主编

吉林科学技术出版社

图书在版编目（CIP）数据

南极北极. 北极的动物 / 刘晓杰主编. -- 长春：
吉林科学技术出版社，2021.8
ISBN 978-7-5578-6738-6

Ⅰ．①南… Ⅱ．①刘… Ⅲ．①北极—儿童读物 Ⅳ.
①P941.6-49

中国版本图书馆CIP数据核字(2019)第295076号

南极北极 · 北极的动物

NANJI BEIJI · BEIJI DE DONGWU

主　　编	刘晓杰
出版人	宛　霞
责任编辑	周振新
助理编辑	郭劲松
封面设计	长春市一行平面设计公司
制　　版	长春市阴阳鱼文化传媒有限责任公司
插画设计	杨　烁
幅面尺寸	226mm×240mm
开　　本	12
字　　数	50 千字
印　　张	2
印　　数	6 000 册
版　　次	2021年8月第1版
印　　次	2021年8月第1次印刷

出　　版　吉林科学技术出版社
发　　行　吉林科学技术出版社
地　　址　长春市福祉大路5788号出版大厦A座
邮　　编　130118
发行部电话/传真　0431-81629529　81629530　81629531
　　　　　　　　　　　　　81629532　81629533　81629534
储运部电话　0431-86059116
编辑部电话　0431-81629517
印　　刷　长春百花彩印有限公司

书　　号　ISBN 978-7-5578-6738-6
定　　价　19.90元

包括我们熟知的北极熊，北极地区还居住着各种或可爱或凶残的动物，它们长期居住在寒冷的北极，练就了一身独特的御寒本领。

北极熊以厚重的"白色"体毛、憨态可掬的形象成为北极的形象代表。

北极熊长长的鼻腔可以帮助它们加热吸入的冷空气。

北极熊如铁钩般的利爪，一方面让它们能抓牢光滑的冰面；另一方面，可以让它们轻而易举地撕开猎物。

北极熊的毛其实是透明中空的，可以更好地存储太阳带来的热量，而毛发上的油脂可以起到防水的作用。

北极熊厚厚的熊掌好像雪地靴，让它们在积雪上行走时不会陷入雪中。

北极熊锋利的牙齿让它能轻松地咀嚼食物。

不要被北极熊憨憨的外表所蒙骗，北极熊其实是现存体形最大的陆地食肉生物。它们生性好斗，极具攻击性。

成年北极熊站起来最高能达到 3 米；体重最多的有 1 吨重，相当于一辆小汽车的重量。

北极熊的手掌外形好似一只船桨，这让它们在水中可以非常省力地游动。科学家们发现，它们可以在北极地区的海里不间断地游上好几天。

北极熊最喜欢的食物是新鲜的海豹肉。
北极熊常常用"守株待兔"的方式捕食海豹。

北极熊会先找到冰面上海豹的呼吸孔，然后静静地等待海豹露头。

等到海豹游到呼吸孔呼吸的时候，北极熊就会突然发起攻击，将海豹拍晕。

最后北极熊会用它们如铁钩般的利爪将海豹从呼吸孔里拖上来。

驯鹿的蹄非常宽大，是鹿类中最大的，可以方便它们在雪地和崎岖不平的地方行走。

驯鹿不论雌雄，都长有树权般的鹿角，每年都会脱落再重新生长，并多分一个叉。

　　驯鹿每年都会进行一次长达数百千米的大迁移。每年的春天，驯鹿便离开过冬的森林和草原，沿着不变的路线向北方进发。

海獭是最小的海洋哺乳类动物。成年海獭体长也只有1米多，外形酷似水桶。主要生活在北太平洋的寒冷海域。

海獭圆滚滚的前肢虽然短，但却很灵活。它们是极少数会使用工具的动物之一。

海獭的后肢宽厚，五趾的趾间有蹼，五趾连成鳍状，这让它们非常善于游泳和潜水。

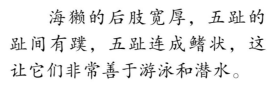

海獭全身覆盖着非常浓密的皮毛，每平方厘米有 5 万 ~ 15 万根毛。同时，皮毛上还有一层脂肪，即使海獭潜入到深海里也能滴水不透。

海獭不光可以使用各种工具来敲开美味的贝壳，它们还是非常优秀的建筑师。当海獭上岸时，会搬来石头、树枝构筑一个个漂亮、坚固的巢穴。

麝牛四肢粗短，四蹄非常宽大，蹄下长有白色的毛，这些毛可以让麝牛在光滑的冰面上行走不会摔倒。

麝牛是组织有序的群居动物，当它们遭遇天敌的时候，不会像其他动物那样四散奔逃，而是排成圆形的防御阵形，公牛、母牛肩并肩把牛犊围在中间保护起来，公牛会出其不意地发动进攻，用尖角袭击对方，然后返回原地，直到敌人退却。

麝牛在外形上很像牛，但却和羊类一样，从头顶上长出角来，再加上有和山羊类似的臼齿，所以人们给它起了一个形象的名字——"羊牛"。

麝牛有两层毛，体表长毛的下面还有一层厚厚的绒毛，叫作"毛丝"，可以抵御寒冷和潮湿。

北极狼也叫"白狼"，野生犬科家族成员。北极狼具有很好的耐力和强大的生存能力。

北极狼的毛色非常多变，会依据生活环境改变颜色，有红色、灰色、白色和黑色。比如生活在北极圈周围森林里的北极狼，会利用林子里的灰色、绿色和褐色作为掩护。生活在北极雪地上的北极狼则身披洁白如雪的毛发与冰天雪地的环境融为一体。

北极狼是等级制度严格的群居动物，一般5~10只组成一个狩猎群。在这个小型团队中，有一只领头的头狼（一般为雄狼），其他成员各有分工，但都对头狼的领导非常服从。

北极狼每次进行捕猎时，都会有序地进行战术布置，前后包抄、分小队堵截，等到捕获到猎物，头狼会最先享用，然后按照地位等级依次分发战利品。

北极狐是一种极富有神秘色彩的动物，它们世代居住在寒冷的北极。

北极狐的四肢短小，脚底也生长着浓密的毛，这样北极狐即使在寒冷的雪地上行走也不会被冻伤。

成年的北极狐体长46～68厘米，尾巴长度28～31厘米。

冬天，北极狐全身的毛色为纯白色，春天至夏天逐渐转变为青灰色，到了夏季就变为了灰黑色。

北极狐长有很浓密且厚实的绒毛，这让它们可以在−50℃的冰原上生活。

北极海鹦是北极地区特有的一种海鸟，外表酷似我们平时常见的鹦鹉。它们常常成群结队地在沿海地区出没，以捕食海中的鱼类为生。

北极海鹦的嘴就像一个夹子，它们把捕获的小鱼含在嘴里，这样就不会影响自己继续猎食。

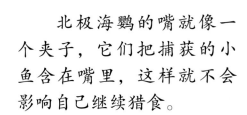

北极海鹦平时栖息在大海之上，只有在繁殖后代的时候才回到陆地上。

雷鸟是一种长期生活在寒冷地区的鸟类。雷鸟虽然长有翅膀，却无法长距离飞行，非常善于在雪地上奔走。

为了可以长期生活在冰雪环境之中，雷鸟全身都覆盖着厚厚的羽毛，就连脚趾上下也被羽毛覆盖。

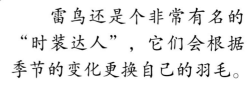

雷鸟还是个非常有名的"时装达人"，它们会根据季节的变化更换自己的羽毛。

雪鸮是一种生活在北极地区的猛禽，它是猫头鹰家族的一员。雪鸮全身几乎纯白色，体羽端部近黑色，主要以北极地区的小型哺乳动物为食。

雪鸮与猫头鹰家族的其他成员在生活习性上有着很大区别，普通猫头鹰都是白天休息，晚上活动，而雪鸮大部分是白天进行活动、捕食，偶尔在深夜活动。这和北极的极昼极夜现象有很大关系。

貂熊，顾名思义是一种身形介于貂与熊之间的动物。它们的四肢像熊一样粗壮有力，长着一条和貂一样的长尾巴。

貂熊没有固定的迁徙路线和巢穴，不筑巢穴，也不挖洞，常常借住其他动物的废弃洞穴，或者以山坡裂缝或石头堆中的空隙为家，甚至栖身于树根、倒木之下或枯树空洞之中。

北极兔的个头比我们常见的兔子要大很多，成年北极兔的大小与狐狸相近。北极兔没有其他兔子那种大长耳朵，但它们有大长腿，四肢非常有力。夏季的时候北极兔的毛呈暗蓝灰色，到了冬季又会变成纯白色。

旅鼠常居住在北极，体形椭圆、四肢短小、耳朵也非常小，从远处看就像一个小毛球。

旅鼠是世界上已知的所有动物中繁殖力最强的。一对旅鼠一年可以生育7~8次，每次可生出12只幼崽，而且只需20多天，小旅鼠即可成熟，并且开始生育。